A GRÉCIA ANTIGA
passo a passo

 A marca FSC® é a garantia de que a madeira utilizada na fabricação do papel deste livro provém de florestas que foram gerenciadas de maneira ambientalmente correta, socialmente justa e economicamente viável, além de outras fontes de origem controlada.

A GRÉCIA ANTIGA
passo a passo

ÉRIC DARS E ÉRIC TEYSSIER

Ilustrações de
Vincent Caut

Tradução de
Julia da Rosa Simões

claroenigma

Copyright do texto © 2011 by Éric Dars e Éric Teyssier
Copyright das ilustrações © 2011 by Vincent Caut

Grafia atualizada segundo o Acordo Ortográfico da Língua Portuguesa de 1990, que entrou em vigor no Brasil em 2009.

Título original
La Grèce Antique à petits pas

Preparação
Alexandre Boide

Revisão
Valquíria Della Pozza
Angelu dus Neves

Dados Internacionais de Catalogação na Publicação (CIP)
(Câmara Brasileira do Livro, SP, Brasil)

Dars, Éric
    A Grécia Antiga passo a passo / Éric Dars e Éric Teyssier ; ilustrações Vincent Caut ; tradução Julia da Rosa Simões. — 1ª ed. — São Paulo : Claro Enigma, 2015.

    Título original: La Grèce Antique à petits pas.
    ISBN 978-85-8166-125-4

    1. Grécia Antiga — Civilização 2. Grécia Antiga — História I. Teyssier, Éric II. Caut, Vincent. III. Título.

15-06475   CDD-028.5

Índice para catálogo sistemático:
1. Grécia Antiga : Literatura juvenil 028.5

6ª reimpressão

Todos os direitos desta edição reservados à
EDITORA CLARO ENIGMA LTDA.
Rua Bandeira Paulista, 702, cj. 71
04532-002 — São Paulo — SP — Brasil
Telefone: (11) 3707-3531
www.companhiadasletras.com.br
www.blogdacompanhia.com.br

ESTA OBRA FOI COMPOSTA EM SCALA SANS E SASSOON INFANT POR OSMANE GARCIA FILHO E IMPRESSA PELA GRÁFICA BARTIRA EM OFSETE SOBRE PAPEL ALTA ALVURA DA SUZANO S.A. PARA A EDITORA CLARO ENIGMA EM JUNHO DE 2024

Sumário

1. O NASCIMENTO DO MUNDO GREGO
A Idade do Bronze na Grécia .... p. 8
A *Ilíada* e a *Odisseia* .... p. 10
Os deuses e o mundo .... p. 14
Os 12+1 deuses do Olimpo .... p. 16
A invenção da cidade .... p. 18
Uma terra estreita, "Thalassa" (o mar) por toda parte! .... p. 20
Colonização: a conquista do oeste pelos gregos .... p. 22
Os santuários .... p. 24

2. ATENAS E ESPARTA: "as irmãs rivais"
Um inimigo comum: os persas .... p. 28
O hoplita e o trirreme .... p. 30
A democracia ateniense .... p. 32
A caserna espartana .... p. 34
A Guerra do Peloponeso (século V a.C.) .... p. 36

3. UM NOVO MUNDO
Uma nova força, o reino da Macedônia .... p. 40
O império de Alexandre .... p. 42
O mundo helenístico .... p. 44

4. A VIDA COTIDIANA
A dieta grega .... p. 48
Os homens do mar .... p. 50
A economia .... p. 52
A educação .... p. 54
As cerimônias .... p. 56
A morte .... p. 58
Os grandes políticos gregos .... p. 60

5. A HERANÇA GREGA
Como conhecer os gregos? .... p. 64
A arquitetura e a escultura .... p. 66
A pintura e o teatro .... p. 68
Os inventores da história e da geografia .... p. 70
Os cientistas .... p. 72
Os filósofos .... p. 74
A presença da civilização grega nos dias atuais .... p. 76

Teste .... p. 78

A Idade do Bronze na Grécia

A história do mundo grego teve início fora da Grécia, onde os gregos se instalaram e desenvolveram a chamada civilização "micênica" ao fim de uma longa viagem.

Os primeiros gregos
No terceiro milênio a.C., um povo vindo das estepes da região hoje compreendida entre a Turquia e a Rússia instalou-se às margens do mar Egeu. Seus integrantes eram chamados de aqueus. A língua em que se comunicavam é falada até hoje, 34 séculos depois, tendo evoluído para o grego moderno. Um recorde mundial.

Você sabia? O bronze
Os historiadores acreditam que, entre 2700 a.C. e 1100 a.C., os gregos viveram uma revolução tecnológica que modificou profundamente seu modo de vida. Esse período ficou conhecido como "Idade do Bronze". A liga metálica de cor dourada é obtida a partir da fusão de dois outros metais: cobre e estanho. O bronze tem inúmeras qualidades e pode ser facilmente fundido em moldes para a fabricação de armas e ferramentas variadas.

O mundo micênico (2600 a.C.-1200 a.C.)

Entre as civilizações que se desenvolveram no período, a cultura micênica foi a mais próspera. Seu nome vem da cidade de Micenas, considerada o reino mais poderoso do mundo grego. Os micênicos utilizavam uma escrita composta de 27 sinais silábicos. O mundo micênico não era unido. Estava dividido numa miríade de pequenos reinos que se organizavam em torno de um palácio-fortaleza no qual vivia o "qa-si-re-u", o rei. Os reis micênicos controlavam a economia para seu próprio proveito. A produção local era objeto de trocas comerciais com outros povos do Mediterrâneo, como os egípcios. A religião tinha um papel importante na sociedade. Os nomes dos principais deuses gregos surgiram nessa época: Zeus, Poseidon e Atena.

O fim da civilização micênica

Por volta de 1200 a.C., a civilização micênica desapareceu, por razões ainda desconhecidas. Alguns historiadores acreditam na invasão de populações que os antigos egípcios chamavam de "povos do mar". Outros afirmam que a intransigência dos reis micênicos provocou revoltas. Existe também a hipótese de uma enorme catástrofe natural, que teria causado mudanças climáticas: um terremoto originado pela erupção do vulcão Satorini, localizado numa ilha do mar Egeu.
A verdade talvez resida numa combinação de todas essas teorias.
Em seguida, o mundo grego viveu quatro séculos obscuros, durante os quais surgiu a maioria dos mitos fundadores da civilização grega clássica.

A *Ilíada* e a *Odisseia*

A *Ilíada* e a *Odisseia* não são simples histórias. Com elas, a crianças aprendiam os valores da civilização grega. Os heróis das obras de Homero, portanto, são modelos que ainda podem nos servir de inspiração até hoje.

Homero
Depois da destruição dos palácios micênicos, o uso da escrita se perdeu. Mas poetas chamados "aedos" conservaram a lembrança da época anterior. Entre eles, Homero, que segundo a tradição era cego, entrou para a história como o autor das duas obras mais famosas do mundo grego: a *Ilíada* e a *Odisseia*. Esses dois poemas de 27 mil versos teriam sido compostos no século VIII a.C.

A *Ilíada*

É um poema sobre uma história de amor que acabou mal. Páris, jovem príncipe troiano, raptou a bela Helena, casada com um rei de Esparta, Agamêmnon. Todos os gregos se uniram para vingar a honra do rei espartano e foram ao ataque da cidade de Troia, ajudados pelo maior guerreiro da época, Aquiles. Depois de um longo cerco e muitos combates heroicos, os gregos conquistaram e arrasaram Troia.

A *Odisseia*

É a continuação da *Ilíada*. A história está centrada no personagem de Ulisses. Depois da destruição de Troia, Ulisses decidiu voltar para casa, na Grécia. Os deuses, porém, tinham outros planos, e divertiram-se desviando-o de seu objetivo. Ao longo da viagem, Ulisses enfrentou personagens fantásticos como ciclopes, górgonas, sereias e a feiticeira Circe antes de conseguir voltar para o seu reino e para sua esposa, Penélope.

Aquiles e Ulisses: modelos para os gregos

Aquiles, ou *Akhilleús*, era considerado um semideus pelos gregos. Filho do rei Peleu com Tétis, uma deusa do mar, quando ainda era bebê foi mergulhado pela mãe no Estige, um rio do inferno, para que se tornasse invulnerável. Porém, como foi seguro pelos calcanhares, essa parte de seu corpo foi a única a permanecer vulnerável. Aquiles, para os gregos, era o modelo do guerreiro perfeito: jovem, forte e rápido. Era bonito e gozava dos favores dos deuses. No entanto, também estava sujeito à *húbris*, o excesso ou frenesi guerreiro. Aquiles estava fadado a uma morte precoce, pois era um guerreiro que corria todos os riscos.

Você sabia?
Aquiles foi morto por uma flecha que o atingiu no calcanhar. É por isso que, ainda hoje, a fraqueza de uma pessoa é chamada de "calcanhar de Aquiles".

Ulisses, ou *Odusseus*, rei de Ítaca, foi um herói tão famoso quanto Aquiles. Era um guerreiro audaz e corajoso. Como todos os homens, conheceu o medo, a alegria e o sofrimento. Sua viagem teve início durante uma juventude impetuosa e chegou ao fim quando se tornou um homem idoso. Suas aventuras simbolizam a vida de todos os mortais.

Os deuses e o mundo

Os gregos tinham uma relação estreita com os deuses, presentes em cada momento de sua vida.

A história dos deuses gregos
Segundo os gregos, no momento da criação, o mundo foi povoado por deuses primordiais como Gaia, a Mãe Terra, e Urano, o Céu. Juntos, eles tiveram filhos, os ciclopes e os Titãs, dentre os quais Cronos, o Tempo. Cronos foi pai dos deuses Zeus, Hades, Deméter e Poseidon. Certo dia, Zeus, ajudado pelos irmãos, decidiu tomar o poder e entrou em guerra contra os Titãs, especialmente Cronos. O conflito resultou na vitória dos deuses e no início de seu reino na Terra. Os deuses se reuniam no monte Olimpo, mas podiam viver em meio aos humanos, pois eram parecidos com eles. No entanto, eram reconhecidos por serem maiores, mais fortes e mais bonitos que os homens. Alguns deuses podiam se apaixonar por mortais, com quem tinham filhos, os semideuses. Os mais célebres desses semideuses foram Hércules, Aquiles e Perseu.

Você sabia?
Zeus era um verdadeiro Don Juan: teve oito mulheres e inúmeras amantes. Todas as esposas eram deusas, e a maioria das amantes era mortal. Os gregos, porém, não consideravam essas uniões um erro, mas intervenções divinas no mundo dos homens. Assim, Helena de Troia, filha de Zeus, teria nascido para que os gregos entrassem em guerra e permitissem que a população grega, numerosa demais, diminuísse. Hércules, por sua vez, teria sido destinado a livrar a Terra de monstros nefastos.

Os 12+1 deuses do Olimpo

1. Zeus era o senhor dos deuses e do universo. Representado com um relâmpago e uma águia.

2. Hera, esposa de Zeus, era a deusa protetora do casamento. Representada com um pavão e uma coroa.

3. Poseidon era o deus do mar, dos ventos e das tempestades. Também fazia a terra tremer. Representado com um tridente.

4. Deméter era a deusa da agricultura e das colheitas. Representada com espigas de milho e às vezes com uma foice na mão.

5. Afrodite nasceu do mar e de Cronos. Protegia o amor, a beleza e o desenvolvimento das plantas. Representada nua com uma pomba, ou com um cisne e uma rosa.

6. Hefesto era o marido de Afrodite. Era o deus do fogo e do metal, o deus dos ferreiros. Representado com um martelo e uma bigorna.

7. Hades era irmão de Zeus. Seu reino era o dos mortos. Representado num trono, ao lado de Cérbero, o cão que guardava as portas do inferno. Único deus que quase nunca frequentava o Olimpo.

8. Perséfone era a mulher de Hades. Como o marido, ocupava-se da morte, mas também do renascimento. Representada acompanhada de um galo, símbolo do renascimento do dia.

9. Ártemis era a deusa da natureza selvagem e da pureza. Irmã de Apolo. Representada com um arco e um estojo de flechas, e às vezes com uma lua crescente.

10. Apolo era o deus das artes e da beleza. Protegia os pastores e era capaz de prever o futuro. Os gregos o representavam com uma lira e um arco, e às vezes sobre uma biga.

11. Atena era a deusa da sabedoria e da guerra. Protegia os artesãos, os artistas e os professores. Usava um elmo e carregava um escudo e uma lança.

12. Dionísio era o deus do teatro, da uva, do vinho e dos excessos que o acompanham. Representado com a videira ou com cachos de uva.

13. Hermes era o deus dos viajantes, do comércio e dos ladrões. Também era o mensageiro dos deuses e conduzia a alma dos mortos à última morada. Era representado com um elmo e sapatos alados. Levava o caduceu, que simbolizava a neutralidade e a paz.

Divirta-se encontrando os deuses na imagem.

A invenção da cidade

Após um período obscuro e caótico, os gregos da Antiguidade decidiram se unir para viver melhor. Com isso deram origem ao conceito moderno de Estado.

"Juntos somos mais fortes!"
Por volta do século IX a.C., pequenas aldeias, quase sempre localizadas num mesmo vale, decidiram se unir a fim de melhor se defenderem e cultuarem um mesmo deus. Assim surgiu a cidade, ou pólis, um pequeno Estado independente com fronteiras, governo e exército. Havia mais de mil pólis no século V a.C. O tamanho dessas cidades era variável — ia das bem pequenas às gigantes como Esparta, a maior de todas.

Para os gregos, a guerra era a expressão da vitalidade das cidades. Por muito tempo, consideraram que a paz interrompia a guerra, e não o contrário.

Um mundo desigual

A pólis era dirigida pelo *démos*, o corpo de cidadãos. O *démos* era formado unicamente pelos homens livres que faziam parte da pólis. As mulheres eram excluídas, bem como os estrangeiros livres que viviam no território da pólis e eram chamados de metecas, ou *metoikoï*. Os escravos constituíam a última categoria da cidade. Eram considerados integrantes de um rebanho, como as vacas e as ovelhas. Os gregos tinham muitos nomes para designá-los, e o mais corrente era *doulos*.

Ta politika (os negócios da cidade)

Os cidadãos das cidades gregas se organizavam para gerir os negócios da cidade. Essa organização para a gestão é chamada de regime político. No mundo grego, havia cidades que escolhiam a democracia, como Atenas, ou a monarquia, como Esparta.

Você sabia?
A palavra "política" vem do grego antigo *ta politika*, que significa "os negócios da cidade". Portanto, não se interessar por política significava, para os gregos, não se dedicar ao país.

Uma terra estreita, "Thalassa" (o mar) por toda parte!

A civilização grega foi marcada por uma geografia muito particular: montanhas que se debruçavam sobre o mar e um solo pouco fértil.

Um solo pouco generoso
A maioria das cidades gregas sofria com a escassez de terra fértil. O cultivo era feito nos vales banhados por pequenos rios. O solo era pobre. As pedras eram abundantes, e os camponeses precisavam retirá-las para poder arar a terra. Cultivavam essencialmente vinhas, cereais e oliveiras. Era comum a colheita não permitir alimentar toda a população. Assim, os gregos precisavam buscar fora da cidade os meios de sobrevivência. As numerosas montanhas impediam a comunicação com outras cidades. Para se alimentarem ou para encontrarem os minerais necessários à fabricação do bronze e do ferro, os gregos logo se viram obrigados a se lançar ao mar.

Thalassa!

O mar estava muito presente na vida dos gregos. Mas isso não significava que os gregos fossem marinheiros por vocação. Na verdade, eles sempre tiveram um pouco de medo do mar. No início, navegavam perto da costa, depois, de ilha em ilha. Esse temor em relação ao mar foi sintetizado numa frase do filósofo Platão: "O que me espanta não é que se navegue, mas que se navegue duas vezes". Foi por necessidade, portanto, que eles se aventuraram nas águas do Mediterrâneo e além.

Você sabia?
Não havia nenhuma cidade grega a mais de oitenta quilômetros do mar. O que fez o filósofo Platão dizer: "Os gregos são como sapos em torno de um lago".

Colonização: a conquista do oeste pelos gregos

No século VIII a.C., a população grega aumentou e o solo não foi suficiente para alimentá-la. Os gregos encontraram uma solução para esse problema enviando uma parte da população para outras terras.

"Vá ver se a grama do vizinho é mais verde!"
Durante cerca de trezentos anos, do século VIII a.C. ao século VI a.C., os gregos se espalharam por quase todo o Mediterrâneo e pelo mar Negro. Cidades gregas podiam ser encontradas nas atuais Romênia, Itália e Turquia, no Egito, na França e na Espanha... Essa expansão foi chamada de *apoika*, que significa "longe de casa". Os motivos que levaram os gregos a sair de casa foram múltiplos: a falta de terras, o comércio, a política e a guerra. Na maioria das vezes, eram os jovens, de ambos os sexos, que partiam. A expedição era confiada a um chefe, o *oikiste*, e o consentimento dos deuses era solicitado. Apolo, em Delfos, e Ártemis, em Éfeso, eram os mais consultados.

A Magna Grécia: "A América dos gregos!"

Durante a colonização, os gregos se instalaram na Sicília e no sul da Itália. Essas localidades eram chamadas de "a grande Grécia", pois, para um visitante de Atenas, de Foceia ou de Corinto, tudo ali era maior. A terra era mais fértil e ampla. As cidades eram grandes e ricas, os templos eram os maiores do mundo grego. As colônias fundadas nessa época se tornaram cidades que existem até hoje, como Nápoles, Siracusa e Tarento.

A lenda do nascimento de Marselha
Um grupo de jovens foceus decidiu fundar uma cidade-colônia e seguiu pela costa da Itália até chegar ao litoral sul da atual França. Ali, os dois líderes da frota, Simon e Protis, foram ao encontro do rei segobrígio Nannos, que governava o território onde eles queriam fundar uma cidade. Naquele dia, o rei estava ocupado com os preparativos do casamento de sua filha Giptis. Segundo os costumes de seu povo, Giptis devia, durante a refeição, escolher um marido. Em determinado momento do banquete, a jovem estendeu a taça para Protis, que de simples convidado passou a genro do rei e recebeu do sogro um território para fundar uma cidade.

Os santuários

Os deuses gregos estavam em toda parte, mas existiam lugares que lhes eram reservados e onde as pessoas iam louvá-los. Esses lugares sagrados eram chamados de santuários.

Um lar para cada um
Os gregos tinham o hábito de louvar os deuses num santuário, o *téménos*, onde sempre havia um altar (espécie de mesa de madeira ou pedra) para fazer as oferendas. Existiam santuários de todos os tamanhos. Um deus cultuado por uma família podia ter um santuário num canto de uma casa. Os maiores eram reservados aos grandes deuses. O santuário de Olímpia, dedicado a Zeus, tinha o tamanho de 140 campos de futebol. Tudo o que estava dentro do santuário pertencia ao deus. Os homens não podiam nascer nem morrer lá dentro. Para construir alguma coisa, era preciso o consentimento do deus ou do sacerdote. Os santuários mais conhecidos eram chamados pan-helênicos, pois o deus era louvado por todos os gregos. Havia quatro desse tipo: Olímpia, para Zeus; Delfos, para Apolo; Istmo, para Poseidon; e Nemeia para Zeus e seu filho Hércules.

Delfos e a pitonisa
Vinha gente de muito longe para fazer perguntas ao deus Apolo. Até os romanos iam interrogá-lo. Nesse santuário, erguido diante de uma montanha, havia um ginásio, um teatro, um estádio e, acima de tudo, o templo de Apolo, onde ficava a pitonisa. Ela era uma mulher designada pelos sacerdotes, uma profetisa (*prophêtis* — a que fala no lugar do deus). Suas palavras nem sempre eram coerentes, por isso os sacerdotes tentavam torná-la compreensível. O único problema era que a pitonisa só respondia a perguntas uma vez por mês. Quem perdia o dia precisava esperar o mês seguinte.

Olímpia

Olímpia foi o santuário mais importante da Grécia. Os jogos ali disputados em honra de Zeus faziam parte das oferendas feitas ao deus. Aconteciam a cada quatro anos, e sua data servia de referência ao calendário internacional. Calcula-se que, dentro do estádio, 40 mil pessoas podiam assistir às façanhas dos atletas.

Você sabia?

As mulheres casadas ou em idade de casar não tinham o direito de entrar no santuário de Zeus em Olímpia, pois corriam o risco de despertar o ciúme de Hera, a esposa do deus. A proibição sempre foi respeitada, exceto pela sacerdotisa de Deméter, a única mulher que assistia aos jogos; mas não podemos esquecer de Calipatira, uma espartana: ela treinou o filho para combater e quis assistir à vitória do rapaz, disfarçando-se de homem.

Um inimigo comum: os persas

Os gregos só tomaram consciência de sua unidade quando foram ameaçados por uma civilização estrangeira.

Primeiro round

No início do século V a.C., os persas dominavam um gigantesco império que ia das margens do Mediterrâneo à Índia. Seu poderio ameaçava o mundo grego, que era muito menor. Em 490 a.C., o grande rei dos persas, Dario, invadiu a Grécia com um enorme exército e chegou a ameaçar Atenas. Quando a frota persa chegou a Maratona, o general Milcíades atacou o exército que desembarcava. O assalto dos 10 mil soldados foi um sucesso. Os persas, surpreendidos pelos "hoplitas" gregos, tentaram voltar a seus barcos numa grande onda de pânico e perderam milhares de homens.

O primeiro maratonista
Depois da Batalha de Maratona, um soldado grego chamado Fidípides percorreu de uma só vez os 39 quilômetros que separavam o campo de batalha da cidade de Atenas. Ele conseguiu levar a boa-nova e caiu morto pelo esforço realizado.

DEVIAM TER MANDADO UM E-MAIL...

Vitória por nocaute

Dez anos depois, Xerxes, filho de Dario, atacou o norte da Grécia com 150 mil homens. Dessa vez, os espartanos participaram da defesa do território grego. Com trezentos soldados, o rei Leônidas freou o imenso exército persa ao longo de vários dias no estreito desfiladeiro das Termópilas. Os espartanos foram mortos no local, mas deram aos gregos tempo de se organizar. Passando as Termópilas, Xerxes invadiu a Grécia central e incendiou Atenas. Enquanto isso, os atenienses reuniam uma frota muito eficaz perto da ilha de Salamina e dispersavam os barcos persas, mais numerosos, porém menos ágeis. No ano seguinte, em 479 a.C., o exército persa foi vencido durante a Batalha de Plateia. Trinta e cinco mil hoplitas comandados pelo espartano Pausânias expulsaram definitivamente os persas. Unidos, os gregos conseguiram vencer um inimigo muito mais numeroso, no mar e por terra.

Você sabia?
Diante do ataque dos persas, os atenienses enviaram uma delegação a Delfos para conhecer a vontade dos deuses. A pitonisa anunciou-lhes grandes infortúnios, mas disse que Zeus concedia "uma muralha de madeira para sua proteção"... Os atenienses hesitaram na interpretação da mensagem. A muralha corresponderia às defesas da cidade ou seria a frota que tinham acabado de construir? Por influência de Temístocles, a maioria dos atenienses optou pela frota, que venceu a Batalha de Salamina. Essa história mostra a importância das profecias e a ambiguidade que apresentavam, sempre passíveis de interpretação... para o bem e para o mal...

O hoplita e o trirreme

As duas Guerras Médicas (contra os persas) revelaram a importância do hoplita e da Marinha para os gregos. Elas também mostraram o papel fundamental de duas grandes cidades, muito diferentes: Atenas e Esparta.

Um herói

O hoplita era o sodado grego por excelência. Usava espada, mas combatia principalmente com a lança. Era protegido por uma armadura de bronze, perneiras e um grande escudo redondo, o "hoplo". O tipo de elmo chamado "coríntio" tornou sua silhueta famosa graças à grande crina. Esse "homem de bronze" era o modelo do herói cívico, defensor da cidade. Como deviam pagar pelo próprio equipamento, que não custava pouco, os hoplitas eram recrutados nas classes médias e altas. Combatiam dos vinte aos setenta anos, junto com os amigos, irmãos e filhos. Juntos, constituíam várias linhas de combate, que se apoiavam e protegiam. Essa formação de batalha era chamada de "falange", pois os hoplitas eram tão unidos e dependentes uns dos outros quanto os ossos da mão.

Você sabia?

Todas as cidades gregas tinham os próprios hoplitas, mas os de Esparta eram os mais temidos. Agesilau II, por exemplo, grande rei espartano, ainda combatia na primeira fileira aos 79 anos.

A solução veio do mar

O mar era um espaço bem conhecido pelos gregos. Além de terem boas embarcações para o comércio, sabiam fabricar temíveis naus de guerra. O trirreme foi um navio de combate inventado pela cidade de Corinto. Entre as duas Guerras Médicas, Atenas armou-se com a mais poderosa Marinha de guerra. Como os atenienses tinham encontrado uma rica mina de prata em seu território, Temístocles propôs que usassem esse tesouro na construção de barcos eficazes para o combate.

A vitória de Salamina deu-lhe razão, e Atenas continuou por um bom tempo sendo a mais poderosa nos mares, com várias centenas de navios. Para fazer cada trirreme avançar eram necessários centenas de remadores, que não eram escravos, mas cidadãos pobres, sem condições de comprar o equipamento de um hoplita.

A principal arma do trirreme era o aríete, utilizado para furar o casco dos navios inimigos. Era uma manobra perigosa, pois a embarcação podia ficar presa e afundar junto com aquela que atingia.

A democracia ateniense

Atenas devia seu poder à Marinha de guerra, que necessitava da participação de um grande número de cidadãos pobres que, antes, nunca tinham de fato tido a possibilidade de participar da gestão da cidade. A democracia lhes permitiu isso.

A palavra do povo
A democracia ateniense tentava fazer todos os cidadãos participarem da vida da cidade. Os cidadãos, e apenas eles, eram iguais e se reuniam na *ekklesia*, a assembleia do povo que votava as leis. As discussões aconteciam do nascer ao pôr do sol. Os cidadãos também podiam julgar pessoas que cometiam certos delitos graves. Nesse caso, a *ekklesia* precisava reunir no mínimo 6 mil membros. Uma pena gravíssima podia vir a ser pronunciada: o ostracismo. Quem fosse condenado ao ostracismo estaria fadado ao exílio e deveria deixar a cidade. A Assembleia detinha praticamente todos os poderes, o que acabava dando muita autoridade aos que soubessem falar bem. Como Atenas havia se tornado uma grande potência marítima, os milhares de cidadãos pobres que remavam nos trirremes adquiriram grande importância política. De fato, era a força de seus braços que permitia a Atenas dominar os mares.

Na Grécia, os anos não eram contados como hoje. Cada ano recebia o nome de um arconte, um alto magistrado de Atenas. O arconte era chamado de "epônimo", isto é, "aquele que dá seu nome".

A organização da democracia

Entre os cidadãos, sorteava-se um conselho de quinhentos membros, a *bulé*, que preparava as decisões da *ekklesia*. Para evitar que sempre os mesmos se ocupassem dos negócios do Estado, era proibido ser membro da *bulé* mais de duas vezes na vida. Os magistrados também eram eleitos ou sorteados. Eles aplicavam a justiça, organizavam o comércio e se ocupavam das obras públicas. Tinham a ação vigiada pela *bulé*. Por fim, dez estrategos eram eleitos anualmente pelo povo. Eles comandavam o exército e a frota. As festas religiosas e as apresentações teatrais também eram organizadas pela cidade. Dez arcontes sorteados eram responsáveis por elas a cada ano.

Você sabia?
Os cidadãos atenienses às vezes manifestavam pouco interesse pela política da cidade. Por isso, os magistrados enviavam escravos munidos de um longo cordão vermelho para levá-los à Assembleia.

A caserna espartana

Esparta ficou conhecida como o modelo da cidade militar. O objetivo dos espartanos era formar os melhores soldados do mundo.

Um por todos, todos por um
Esparta foi uma cidade voltada para a guerra, onde os reis eram soldados como os demais. Nessa cidade peculiar, os cidadãos eram muito apegados à igualdade. Os espartanos eram "*homoioi*", iguais que treinavam constantemente para a guerra. Esse treinamento e essa camaradagem faziam do espartano o melhor hoplita do mundo. Os outros gregos ficavam tão impressionados com sua reputação que muitas vezes preferiam fugir a ter de enfrentá-los. Em Esparta, as mulheres eram mais livres que em outras cidades. Elas eram responsáveis pela gestão de bens e recebiam um treinamento esportivo.

Você sabia? O amor pela pátria acima de tudo.
Certo dia, uma mãe espartana esperava, preocupada, o resultado da batalha em que os cinco filhos combatiam. Um homem que voltava do confronto anunciou-lhe a terrível notícia: seus filhos tinham morrido em combate. Em resposta, a mulher o insultou: "Imbecil! Não perguntei se tinham morrido, mas se Esparta tinha vencido!".

Obediência através do terror

Outra característica de Esparta era seu grande número de escravos. Como o cidadão passava o tempo todo a serviço da cidade, as atividades econômicas ficavam a cargo dos não cidadãos. Os escravos dos espartanos eram os hilotas, ainda mais maltratados que os demais escravos do mundo grego. Os espartanos, que sempre temiam uma eventual revolta, submetiam os hilotas a uma vigilância constante. Mantinham-nos num estado de terror permanente e, para humilhá-los, faziam-nos usar um boné de pele de cachorro.

Os espartanos embebedavam seus escravos para ridicularizá-los e para mostrar aos jovens cidadãos os prejuízos do álcool.

Uma realeza sob vigilância

A organização de Esparta era diferente com relação a Atenas. Esparta tinha dois reis que eram, acima de tudo, líderes guerreiros e grandes sacerdotes. Como eram obrigados a reinar juntos, nenhum dos dois podia almejar um poder absoluto. Evitava-se, assim, a tirania. Em Esparta, o povo (*démos*) também tinha direitos. O *démos* era constituído pelos soldados com mais de trinta anos, em idade de guerrear. Todos os anos, a Assembleia indicava cinco "éforos" para representar o povo e controlar as ações dos reis.

A Guerra do Peloponeso (século V a.C.)

Depois das Guerras Médicas, Esparta e Atenas foram consideradas as duas cidades mais poderosas do mundo grego. Mas não havia espaço para duas potências!

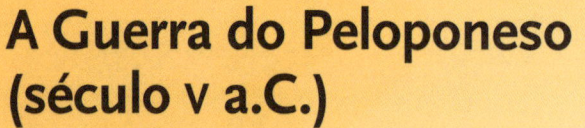

O papel do mar

Uma guerra opôs as duas principais cidades gregas, apoiadas por seus aliados. Os atenienses dominavam os mares e o comércio graças a seus trezentos trirremes. Os espartanos eram tão temíveis em combate que os atenienses preferiam evitar um confronto direto. Péricles, político e general ateniense, recomendou uma estratégia prudente. Os atenienses se retiraram para dentro das grandes muralhas de Atenas, que protegiam tanto a cidade como o porto, o Pireu. Assim, podiam ser reabastecidos por mar, sem temer os espartanos.

Aliados cada vez menos confiáveis

Para sustentar sua luta, Atenas podia contar com a aliança das cidades da Liga de Delos, dirigida pelos atenienses. Com o passar do tempo, porém, os aliados foram ficando cada vez mais cansados do conflito e se tornando cada vez menos fiéis a Atenas.

A vitória de Esparta

A luta pela hegemonia acabou resultando em massacre. Os espartanos, que não podiam tomar Atenas de assalto, devastaram os campos ao redor da cidade sem encontrar resistência. A frota ateniense, por sua vez, lançou expedições às costas inimigas. Mas a população que se refugiava dentro dos muros de Atenas era numerosa demais. Uma epidemia de peste matou milhares de cidadãos, dentre os quais o próprio Péricles. As regras ancestrais de guerra foram desprezadas. A população das cidades tomadas foi massacrada ou reduzida à escravidão. Depois de quase trinta anos de guerra, Atenas, que havia perdido os aliados e a frota, rendeu-se. As muralhas foram derrubadas e a cidade começou a declinar. Esparta foi vitoriosa, mas também saiu da guerra esgotada.

Você sabia? Um curioso julgamento

Os estrategos atenienses tinham obtido uma grande vitória naval. Como uma tempestade se aproximava, preferiram colocar a frota ao abrigo. Quando voltaram a Atenas, foram julgados e condenados à morte... A *ekklesia* censurou-os por não terem dado uma sepultura aos marinheiros mortos durante a batalha. Sócrates se opôs a essa condenação injusta, que atestava os excessos da democracia ateniense.

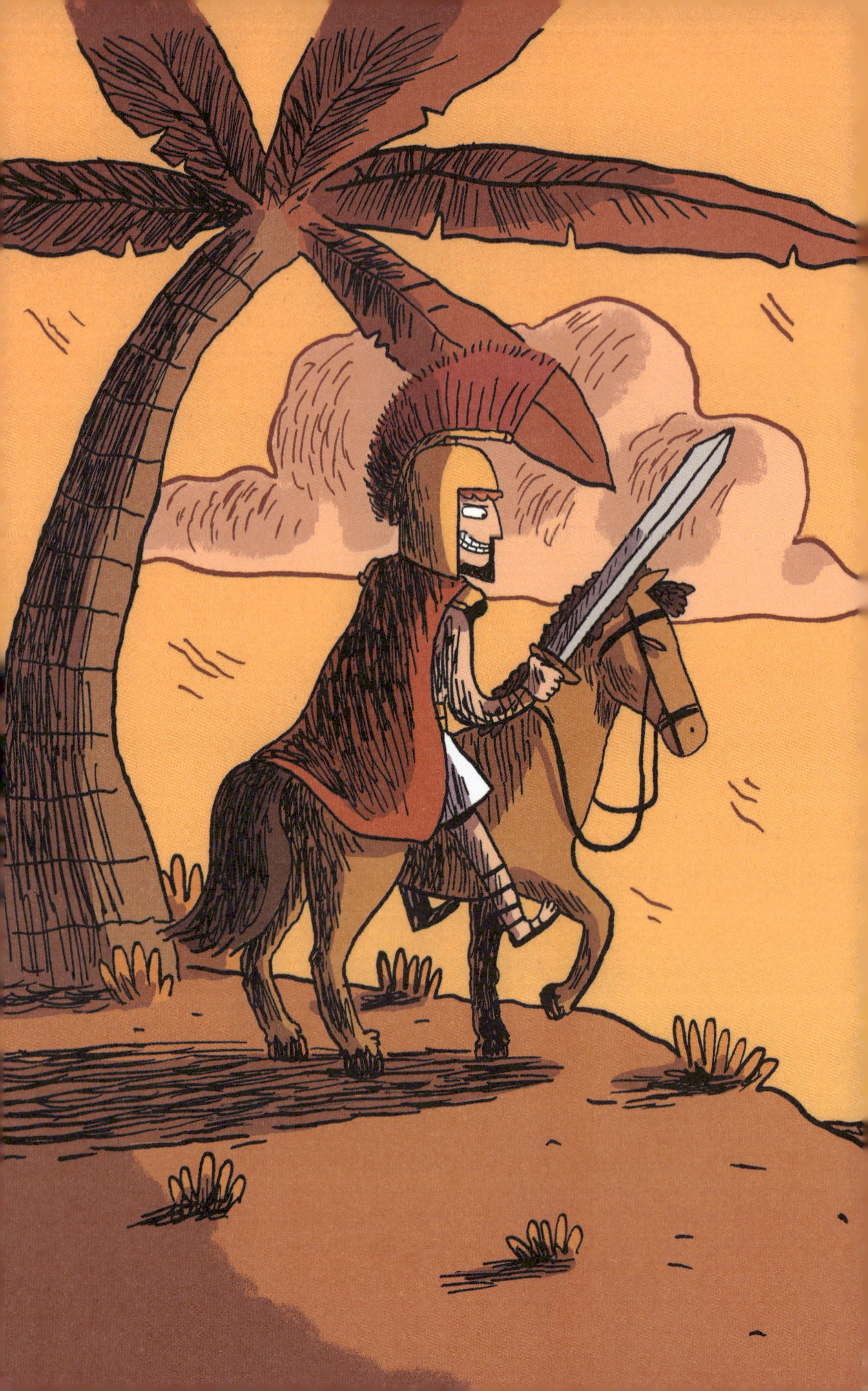

3
UM NOVO MUNDO

Uma nova força, o reino da Macedônia

No século IV a.C., Esparta e Atenas foram enfraquecidas pelas guerras incessantes. As outras cidades gregas reproduziam a mesma divisão. Esse foi o momento escolhido pelos reis da Macedônia para intervir nos assuntos gregos.

Novos gregos
A Macedônia era um estado do norte da Grécia. Apesar de os macedônios serem gregos, os outros gregos os chamavam de bárbaros (achavam que eles comiam e bebiam demais para serem civilizados). Ao contrário das outras cidades, a coroa do rei era passada de pai para filho. Os gregos tinham um pouco de inveja dos macedônios, que viviam num reino rico em trigo e rebanhos e que nunca enfrentavam problemas de abastecimento. Além disso, tinham um solo rico em cobre e ferro, com um pouco de ouro e muita prata. Essas riquezas permitiam que os reis macedônios mantivessem um grande exército, composto de uma cavalaria eficaz, além de combatentes recrutados entre os camponeses livres da Macedônia. Muito fiéis ao rei, esses "falangistas" eram muito disciplinados e bem treinados.

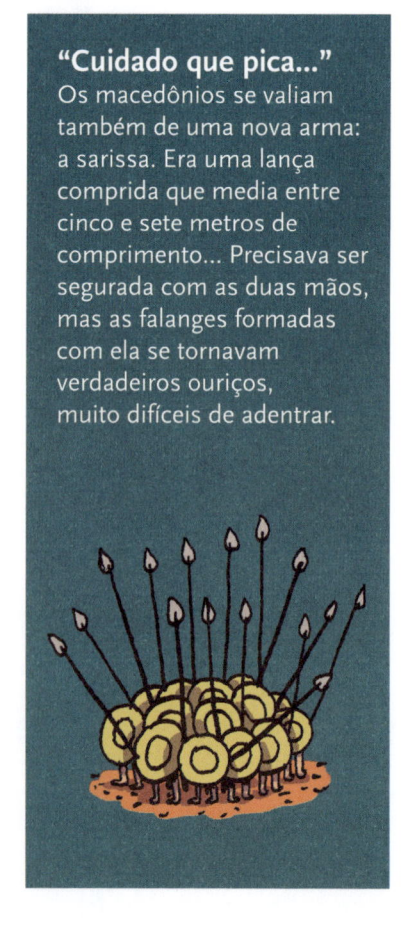

"Cuidado que pica..."
Os macedônios se valiam também de uma nova arma: a sarissa. Era uma lança comprida que media entre cinco e sete metros de comprimento... Precisava ser segurada com as duas mãos, mas as falanges formadas com ela se tornavam verdadeiros ouriços, muito difíceis de adentrar.

A Grécia vista por Filipe

Por volta de 350 a.C., o rei da Macedônia, Filipe II, passou a intervir cada vez mais nas cidades gregas, sempre muito divididas. Em 338 a.C., durante a Batalha de Queroneia, Filipe e seu filho Alexandre venceram uma coalizão de cidades gregas dirigida por Tebas e Atenas. Filipe impôs uma paz negociada, mas tornou-se senhor da Grécia. O rei reuniu pela primeira vez as cidades gregas. Para consolidar a aliança de cidades que tinham o costume de guerrear, propôs-lhes uma causa comum: combater os persas, que eram inimigos dos gregos havia 150 anos. Atacá-los para conquistar seu imenso império era uma ideia que agradava a todos os gregos. Eles queriam se vingar das invasões do século V a.C. e se apoderar de um grande butim. Filipe não conseguiu realizar seu sonho. Foi assassinado em 336 a.C.

Você sabia?

Filipe queria comprar um belíssimo cavalo, mas ninguém conseguia montá-lo. Seu jovem filho Alexandre pediu-o de presente. O rei consentiu e na mesma hora o jovem príncipe montou o cavalo, que se deixou guiar. Alexandre tinha percebido que o animal estava assustado com a própria sombra. Ao ser colocado de frente para o sol, o cavalo tornou-se dócil e não opôs resistência.

O império de Alexandre

Depois da morte do pai, Alexandre decidiu retomar a ideia de unificar as cidades gregas contra o inimigo de sempre, o Império Persa. Mas Alexandre não queria apenas vencer os persas, também tinha a intenção de criar uma nova civilização, a meio caminho entre a civilização persa e a grega, pois achava que essa seria a melhor maneira de evitar outras guerras no futuro.

Um gênio militar
Em 336 a.C., aos vinte anos, Alexandre atravessou o mar Egeu e atacou o Império Persa. De início, o imperador Dario não levou a ameaça a sério. No entanto, diante dos avanços dos macedônios, decidiu enfrentar Alexandre pessoalmente, com um imenso exército. Os persas foram postos em debandada, e o próprio Dario precisou fugir. Alexandre levou seus homens mais longe ainda e tomou o Egito, onde fundou uma cidade que tem seu nome até hoje, Alexandria. Os macedônios logo voltaram a avançar para o leste e para o coração do Império Persa. Dario tentou detê-los mais uma vez, na planície de Gaugamelos, com um exército dez vezes mais numeroso. Ao longo de vários dias, mandou retirar todas as pedras que pudessem impedir a passagem de seus carros de guerra. Alexandre, porém, contornou o exército persa com a cavalaria. Enquanto isso, a falange segurava as forças de Dario. Quando os persas perceberam que estavam cercados, era tarde demais. Foram completamente esmagados, e Dario escapou por um triz.

Você sabia?
Alexandre teve uma ótima educação, tanto em termos atléticos como intelectuais. O filósofo Aristóteles foi seu professor particular. Ele cresceu ao lado dos filhos dos soldados de seu pai. Foi com os amigos de infância que partiu para a conquista do Oriente.

Um sonho inacabado

Alexandre conseguiu conquistar as mais belas cidades persas, como Babilônia, Susa e Persépolis, com todos os seus tesouros. Depois de Gaugamelos, capturou até mesmo a família de Dario. Alexandre tratou-a muito bem e acabou casando com a filha do adversário. Quando Dario foi assassinado por um de seus súditos, Alexandre proclamou-se herdeiro do Império Persa. Mas nem por isso interrompeu seu avanço. Continuou levando o exército cada vez mais para o leste. Atravessou o atual Afeganistão e finalmente chegou à Índia. Ali, depois de muitas vitórias, seus soldados, cansados, pediram para voltar. Alexandre ficou furioso, mas aceitou, após conquistar o mais extenso império da história.

Alexandre foi o rei dos reis. Serviu de modelo a muitos soberanos e grandes conquistadores, como Júlio César, Luís XIV e Napoleão.

O mundo helenístico

As conquistas de Alexandre levaram a civilização grega para além das costas do Mediterrâneo. Em contato com outras civilizações, a cultura grega se tornou mais rica. Falemos então da civilização helenística.

Depois da unidade, a divisão

Em 323 a.C., Alexandre morreu, aos 33 anos. Sua aventura durou menos de dez anos. Como não deixou filhos, os generais dividiram sua herança. Em vez de chegarem a um acordo, guerrearam sem parar e disputaram o espólio do império. Como não contavam com soldados em número suficiente, os novos reis contratavam muitos mercenários, que não combatiam mais por suas cidades ou por seu rei, mas por dinheiro. Eles às vezes vinham de muito, muito longe; entre esses guerreiros, os gauleses eram os mais procurados.

Reis apaixonados pelo belo

Os reis helenísticos eram riquíssimos e adotavam cada vez mais os costumes dos povos orientais sobre os quais reinavam. Durante esse período, novas cidades gregas foram fundadas, como Pérgamo e Antioquia. Cada rei queria fazer de sua capital a cidade mais bonita do mundo. Para isso, mantinham muitos artistas a seu redor, e também cientistas e filósofos. As riquezas logo atraíram novos conquistadores: os romanos. Um após o outro, os reinos herdados do império de Alexandre foram conquistados e anexados a Roma.

O Egito dos gregos

Entre os reinos helenísticos, o Egito foi o que se manteve independente por mais tempo. Os descendentes de Ptolomeu, um dos generais de Alexandre, adotaram os costumes dos egípcios e se tornaram faraós. Eles viviam na capital, Alexandria, construída num dos braços do delta do Nilo e célebre em todo o mundo antigo. Lá havia a maior biblioteca da época, um museu riquíssimo e também um farol, uma das sete maravilhas do mundo antigo. Os descendentes de Ptolomeu logo tiveram a perspicácia de se aliar a Roma. Assim, puderam continuar a reinar no Egito até a morte de Cleópatra.

Você sabia?

Cleópatra foi a última rainha do Egito. Seu reino foi conquistado pelos romanos em 30 a.C. Junto com essa rainha, desapareceu o último reino helenístico.

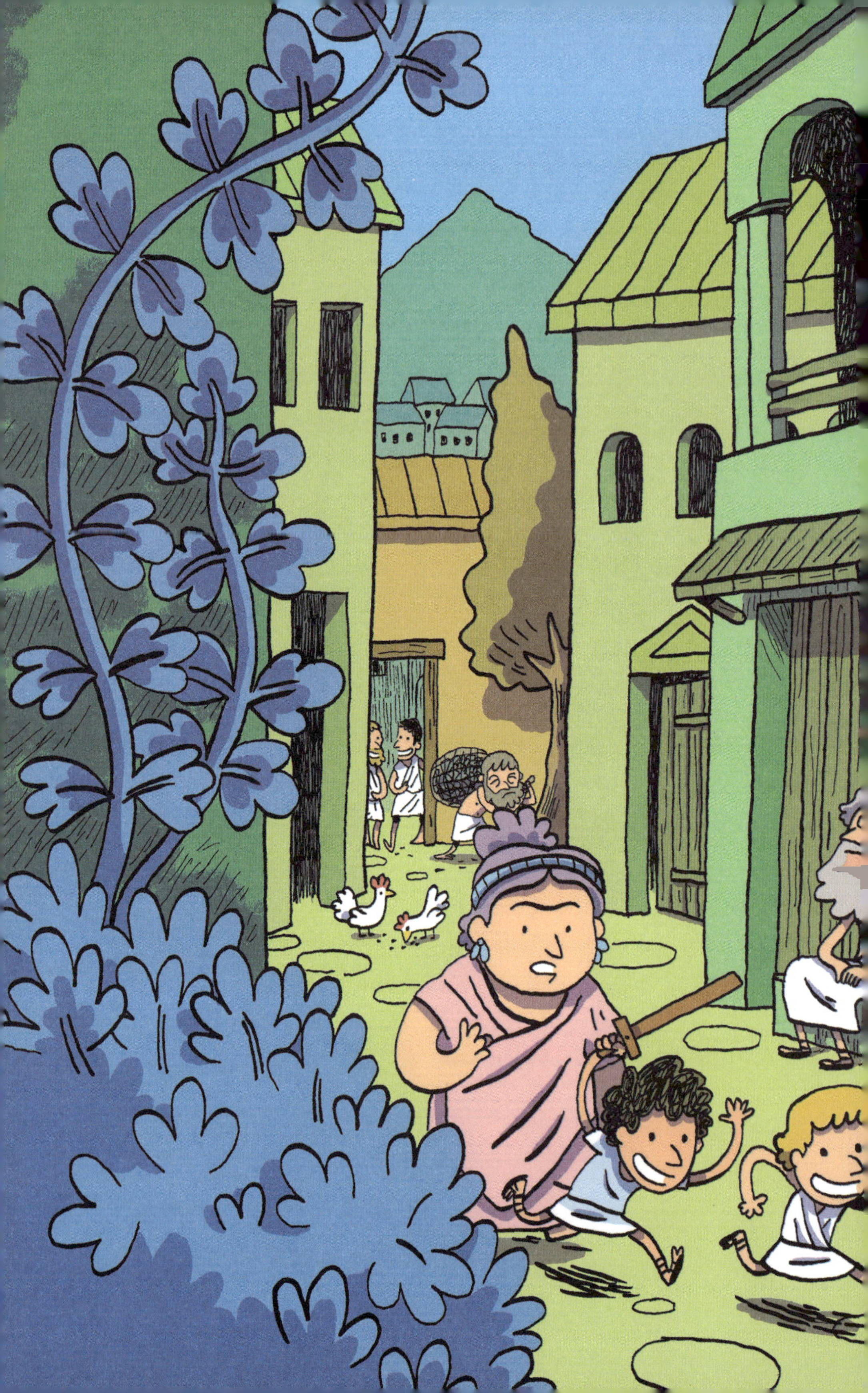

4
A VIDA COTIDIANA

A dieta grega

A alimentação era uma preocupação entre os gregos. Eles se dividiam entre a moderação e o excesso.

Fazer dieta?
Por muito tempo os gregos consideraram que comer muito ou buscar um refinamento alimentar eram fontes de apatia e de fraqueza oriental e feminina. Para os gregos do período arcaico, e mais tarde para os filósofos, uma refeição simples composta de grelhados e água fresca consistia num prazer em si. Pouco a pouco, eles começaram a apreciar os refinamentos culinários, a ponto de mais tarde, em Roma, os bons confeiteiros serem necessariamente gregos.

A mesa grega
Os gregos costumavam fazer três refeições por dia. A primeira, ao amanhecer, era composta de pão ou um mingau de cereais com figos e azeitonas. A segunda era feita no meio do dia. A terceira, mais importante, chamada *deï pnon*, quando o sol se punha. As mulheres quase sempre comiam em um local separado. Quando a casa era pequena demais, elas serviam os homens e esperavam que eles acabassem para poder comer.

Regime esportivo
Mílon de Crotona, um grande campeão olímpico, tinha a fama de conseguir ingerir, numa única refeição, quinze quilos de carne, quinze quilos de pão e nove litros de vinho.

Comer e beber

Os cereais eram a base da alimentação. O trigo era consumido na forma de mingau, pão e bolos. A cevada era muito utilizada para fabricar a *maza*, uma mistura com água, leite e mel. Este era o prato básico, acompanhado de azeitonas, muitos queijos, carnes, peixes e frutas. No entanto, a refeição dependia da fortuna dos indivíduos. A carne mais consumida era o porco, na forma de linguiça. O vinho, tinto, branco ou rosé, era sempre misturado com água.

Os banquetes

O banquete (*sympósion*) era uma "reunião de bebedores" reservada aos homens. Organizavam-se banquetes para as festas religiosas, mas não exclusivamente para elas, pois tudo servia de pretexto. Os participantes ficavam deitados em banquetas e elegiam um rei do banquete, que decidia a proporção de água no vinho. Dançarinas, malabaristas e acrobatas às vezes iam distrair os convivas.

Você sabia?
Os filósofos pitagóricos achavam que comer peixe era uma coisa indigna.

Uma sobremesa direto da Grécia antiga
Pegue figos secos, corte-os ao meio no sentido do comprimento, encha-os com nozes ou avelãs picadas. Acrescente groselhas e grãos de gergelim e cubra tudo com mel.

Os homens do mar

O mar nunca ficava muito longe das cidades gregas, e os gregos precisavam dele para sobreviver, mas viam-no com desconfiança. Quanto aos que exerciam ofícios no mar, eram quase sempre desprezados.

"Viver do mar, que vergonha!"
As atividades marinhas eram malvistas pelos pensadores gregos. O pescador passava dificuldade para alimentar a família: envelhecia precocemente e podia morrer sem sepultura, algo infame. Platão equiparava a pesca à caça e julgava-a indigna de um homem bem-nascido. Além disso, os homens do mar eram criticados por morarem longe de suas raízes e não viverem do trabalho da terra como os "homens honestos". Por fim, dizia-se que com seu ofício eles ousavam comparar-se aos deuses, e mereciam, portanto, uma morte miserável. Tal vida, para alguns filósofos, atraía apenas os bêbados, os covardes e os desonestos.

Pirataria, um trabalho glorioso?

A pirataria era uma atividade legal e coberta de glórias. Os gregos viam nela até mesmo virtudes heroicas, sobretudo quando os bárbaros eram as vítimas. Era comparada a um ato de guerra, e só era julgado culpado quem atacasse o navio de um compatriota. Evidentemente, o pirata bárbaro tinha uma reputação terrível. Todos os defeitos dos homens se concentravam em sua pessoa. Ele era visto como cruel, violento, vicioso, ignorante e, ainda por cima, desrespeitoso aos deuses.

O medo do naufrágio

Os homens do mar tentavam se proteger de todas as maneiras. Na proa dos navios, desenhavam um olho para expulsar o "mau-olhado", espécie de maldição provocada pela inveja. Também protegiam o navio dando-lhe o nome de um deus ou de uma deusa. Comportamentos "de risco" eram igualmente evitados, como espirrar ao embarcar ou cortar as unhas e os cabelos a bordo.

Você sabia?
Para Ésquilo e Plutarco, chamar alguém de marujo era um insulto.

A economia

Com o desenvolvimento do comércio, os gregos adotaram um meio prático para comprar e vender. Não foram os inventores da moeda, mas fizeram dela um dos pilares da civilização ocidental.

Quanto vale?
Nos tempos antigos, a unidade monetária era o boi. Ele era utilizado para avaliar um bem, uma fortuna pessoal. Mais tarde, os gregos passaram a fazer uso de outra unidade, o óbolo, que era um espeto de cozinha feito de ferro (o ferro custava caro). Mas pagar com esse tipo de "moeda" não era prático! Por fim, a moeda em si foi inventada, símbolo da independência da cidade.

ESPERE AÍ.

VOU BUSCAR O TROCO!

As cidades e a economia
As cidades precisavam de dinheiro para pagar os escravos encarregados de limpar as ruas ou de servir de força policial. Ele também era necessário para a manutenção dos edifícios e das muralhas, para pagar os soldados, os animais que seriam sacrificados durante as festas religiosas, para comprar cereais ou óleo para os depósitos públicos etc. Portanto, a cidade precisava de rendimentos para ter o que gastar.

Uma cidade como Atenas cobrava taxas do comércio. Quando elas não eram suficientes, impunha aos cidadãos um imposto sobre as fortunas. A cidade também podia apelar à beneficência dos ricos. Essa contribuição voluntária era chamada de "liturgia". Em certos casos, a cidade também contava com as rendas da exploração de minas ou pedreiras. Era o caso de Atenas e Tasos.

O banco: uma invenção grega?

O comércio se desenvolveu, e a quantidade de dinheiro que era trocada também. Por razões práticas e de segurança, os mercadores cada vez mais hesitavam em transportar seu dinheiro em barcos, que podiam naufragar ou ser atacados por piratas. Para evitar que isso acontecesse, os gregos inventaram o banco (*trapéza*). O banco recebia depósitos para pagamentos, ou para financiar créditos. O mais conhecido banqueiro grego foi Pasion. No início, ele foi um "escravo banqueiro"; depois de libertado, comprou o banco dos antigos senhores e acabou se tornando cidadão por serviços prestados à cidade.

Você sabia?
As primeiras moedas conhecidas foram fabricadas no século VII a.C., na Ásia Menor, com uma liga natural de ouro e prata, o "eletro". Esse raro minério era encontrado no rio Pactolo, o que hoje explica o uso da palavra pactolo para designar uma "imensa riqueza natural não explorada".

A educação

A educação (*paideia*) evoluiu muito ao longo de toda a história grega. Além disso, variava muito de cidade para cidade. Dois modelos se tornaram conhecidos: o de Atenas e o de Esparta.

Atenas: as "artes"
A educação começava aos sete anos de idade. O objetivo era formar cidadãos "belos e bons". Não era obrigatório educar-se. A *paideia* dependia da riqueza e da vontade dos pais. As meninas eram as mais condenadas à ignorância. Os pobres, por sua vez, não tinham meios de pagar os serviços de um professor, o *grammatistês*. Para se tornar "belo e bom", era preciso instruir-se em educação física, música e literatura. O aprendizado da *mousiké* era colocado sob a responsabilidade de um citarista e estava baseado em quatro elementos: instrumento, canto, poesia e dança.

Esparta: a guerra
A educação era obrigatória e totalmente controlada pela cidade. Os espartanos a chamavam de *agôgê*. Caso um menino não a suportasse por considerá-la dura demais, nunca se tornaria um cidadão. Como a educação era paga pela cidade, os governantes se reservavam o direito de examinar os recém-nascidos ao nascer. Quando considerados fracos demais, eram condenados a morrer. A educação literária dos meninos se limitava ao estritamente necessário. O essencial se voltava ao futuro dever de soldado. Aos doze anos, eles saíam de casa para viver na caserna e aprender a lutar.

A palestra e o ginásio
Em todas as cidades, havia locais específicos para a formação dos jovens gregos. A palestra era reservada às crianças, enquanto o ginásio era destinado aos adolescentes e adultos. Aprendia-se luta, pugilato, corrida e lançamento de dardo. Eram edifícios quadrados que tinham, ao centro, uma pista de areia fina e, em toda volta, equipamentos necessários à manutenção do corpo: salas de repouso, de ginástica, de massagem, de banhos etc. Os jovens gregos aprendiam o *agôn*, o espírito de vencer o adversário segundo as regras.

Você sabia?
Aristóteles e Platão, dois grandes filósofos, instalaram escolas em Atenas. Platão chamou sua escola de "Academia" e Aristóteles, de "Liceu".

As mulheres de Esparta tinham um papel importante na transmissão dos valores da cidade. A mãe que entregava o escudo ao filho dizia: "Lembre-se, com ele ou sobre ele". O que queria dizer: "vencer ou morrer".

As cerimônias

As procissões religiosas eram acontecimentos importantes na vida da cidade. As panateneias constituem um exemplo perfeito da religião oficial de uma cidade dedicada à deusa Atena, protetora de Atenas.

Uma festa nacional

Todos os anos, no fim do mês de julho (*hecatombeon*), ocorria a cerimônia religiosa das panateneias. A cada quatro anos, a festa adquiria uma importância considerável. Durava então quatro dias, em vez de dois, e incluía competições esportivas, musicais e poéticas. Invariavelmente, as panateneias eram iniciadas por uma procissão que reunia todos os habitantes, inclusive os escravos. Esse desfile religioso conduzido pelos sacerdotes cruzava a cidade e acabava na Acrópole, onde ficavam os santuários de Atena.

A estátua de Atena Partenos foi construída por volta de 438 a.C. Com doze metros de altura, era considerada uma das obras-primas do escultor Fídias, com estrutura em madeira e totalmente coberta de marfim e ouro. A estátua da deusa se perdeu, mas tornou-se conhecida por uma descrição feita por Pausânias e pelas 69 cópias em pequeno tamanho encontradas pelos arqueólogos.

Quando a população chegava ao santuário, oferecia à deusa uma túnica, o *peplo*, que era bordada ao longo de nove meses por moças, as ergastinas, escolhidas entre as melhores famílias. Em seguida, tinham início os sacrifícios. Eram sacrificados tantos animais quantos fossem necessários para alimentar toda a população da cidade. Os sacerdotes se encarregavam da distribuição da carne por bairros. Como prêmio das competições esportivas, os vencedores recebiam ânforas chamadas "panatenaicas" com o azeite proveniente das oliveiras sagradas de Atena.

Você sabia?
As palavras "hecatombe" e "holocausto" têm origem grega. A primeira significa "sacrifício de cem bois". A segunda designa o sacrifício pelo fogo de um animal macho de cor única (quase sempre branca). Quando a pelagem do animal não era totalmente branca, as manchas coloridas eram pintadas dessa cor.

A morte

A morte, apesar de natural, era vista pelos gregos como uma mácula que podia durar anos ou gerações.

Uma mácula contagiosa
A morte era considerada uma mácula (*miasma*) que tornava impuras a casa do defunto e sua família. A casa era lavada com água em abundância para a eliminação dessa mácula. Os membros da família se aspergiam copiosamente com água. Pausânias relatou que, em Messena, quando um sacerdote ou uma sacerdotisa tinham um filho que morria, precisavam abandonar imediatamente suas funções. Pelas mesmas razões, os corpos só podiam ser enterrados em locais sagrados, com exceção dos heróis.

Você sabia?
A ilha de Delos era um santuário de Apolo, onde era proibido morrer.
As pessoas à beira da morte, muito idosas ou doentes, eram levadas para uma ilha próxima, Rínia. Em Delos, também era proibido nascer. As mulheres prestes a dar à luz deviam deixar a ilha.

Os funerais

O morto era lavado com óleos perfumados e enrolado num manto branco; somente o rosto ficava para fora. Por muito tempo a tradição prescreveu que o morto ficasse exposto diante de casa para que todos pudessem prestar-lhe uma derradeira homenagem sem serem tocados por sua mácula. Na madrugada seguinte, bem cedo, o corpo era transportado e enterrado antes do nascer do sol, para não haver conflito entre a escuridão do mundo dos mortos e a luz solar. Em outros casos, o corpo era queimado e as cinzas lacradas numa urna. Ao fim das exéquias, uma refeição fúnebre era oferecida na casa de um amigo.

As execuções públicas

Assim como a educação e a política, as maneiras de executar um condenado eram tão variadas quanto as cidades. Em Atenas, as execuções eram extremamente codificadas. A depender do crime ou da condição do culpado, a execução era diferente. Ele podia ser crucificado, lapidado, enforcado, sufocado ou envenenado "voluntariamente", como foi o caso de Sócrates.

Os grandes políticos gregos

Sólon, nascido em c. 640 a.C. e morto em c. 558 a.C., um dos "sete sábios da Grécia". Autor da máxima "*Mêden agan*", traduzida como "Nada a mais". Com essa frase, Sólon convidava os homens a conhecerem seus limites. Sólon também foi um grande reformador ateniense. É considerado um dos criadores da democracia de Atenas.

Temístocles, nascido em 528 a.C. e morto em 462 a.C., homem que fez de Atenas uma grande potência naval. Para isso, destinou a prata das minas de Láurion à construção de navios de guerra. Graças a seu senso tático, os navios gregos venceram uma grande batalha no estreito de Salamina contra as embarcações do imperador persa Xerxes.

Péricles, nascido em c. 495 a.C. e morto em 429 a.C. em Atenas, grande chefe militar. Considerado o pai da democracia ateniense, apesar de sua obra ser a continuidade da obra de Clístenes, seu tio-avô. Foi sob a liderança de Péricles que Atenas conheceu seu apogeu. Ele possibilitou a transformação da aliança militar da Liga de Delos no Império Ateniense. O tesouro da liga foi desviado e usado exclusivamente para os interesses de Atenas. Foi graças a esse tesouro que Péricles mandou embelezar o Parthenon.

Ptolomeu I Sóter, nascido em 367 a.C. e morto em 283 a.C., um dos generais de Alexandre, o Grande, que se tornou faraó do Egito. Foi o primeiro soberano grego do Egito. Transformou Alexandria numa esplêndida capital, conhecida tanto pela riqueza como pela biblioteca e pelo farol.

Hieron II, o Jovem, tirano de Siracusa, nascido em 306 a.C. e morto em 215 a.C. Sob seu reinado, a cidade de Siracusa, na Sicília, conheceu o apogeu. Ele protegia os artistas e os cientistas, dentre os quais o célebre Arquimedes.

Seleuco I, o Vencedor, nascido em 358 a.C. e morto em 281 a.C. Antigo general de Alexandre, o Grande, fundou o reino selêucida, que se estendeu do Mediterrâneo às fronteiras da Índia. Mandou construir uma capital, à qual deu o nome de Antioquia. Foi um grande construtor, a quem se atribui a criação de cinquenta cidades.

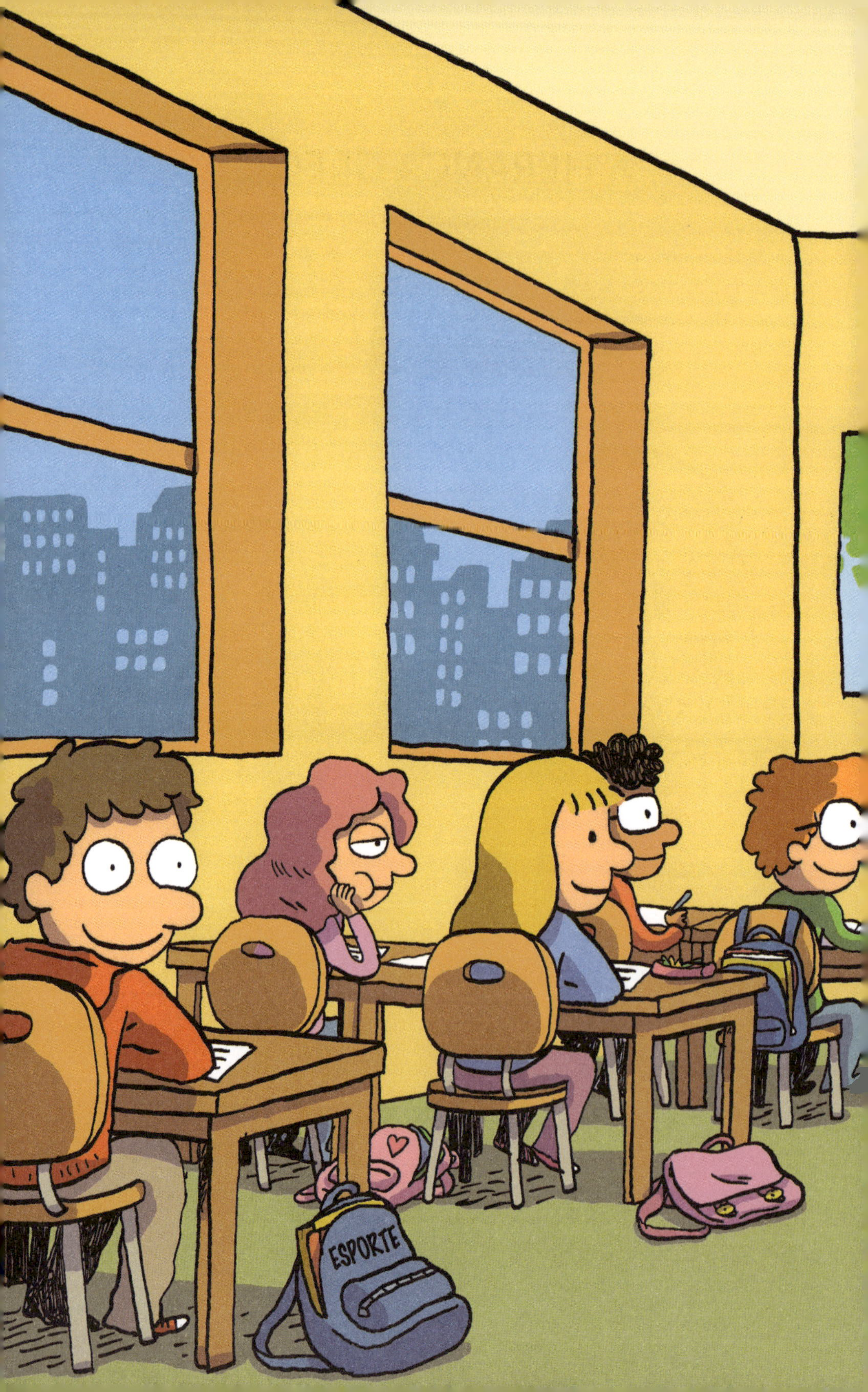
ESPORTE

5
A HERANÇA GREGA

Como conhecer os gregos?

Os gregos da Antiguidade nos deixaram inúmeras mensagens, voluntárias ou não. Graças a essas mensagens, vindas direto do passado, os historiadores puderam reconstituir a vida deles.

A escrita
A palavra "alfabeto" vem das duas primeiras letras gregas, *alpha* e *bêta*. O alfabeto grego conta com 24 letras, data do século IX a.C. e é utilizado até hoje na Grécia. Os etruscos e os romanos se inspiraram diretamente nele, dando origem ao alfabeto que você utiliza todos os dias. Com essa escrita, os gregos redigiram inúmeros textos em rolos de papiro. Esses rolos frágeis não chegaram até nós, porém os mais importantes foram recopiados durante a Idade Média. Por isso conhecemos a filosofia, as ciências e a história dessa civilização.

Você sabia?
Foi graças ao idioma grego antigo que o mistério dos hieróglifos egípcios começou a ser compreendido no século XIX. Uma grande pedra com inscrições, descoberta pelos soldados de Napoleão, apresentava o mesmo texto em grego e em hieróglifos. Jean-François Champollion, que conhecia bem o grego, pôde comparar os dois relatos e começar a decifrar os hieróglifos.

A arqueologia

Assim como para todas as civilizações antigas, a arqueologia é uma grande aliada no conhecimento da vida dos antigos gregos.
Os arqueólogos vasculham os vestígios do passado com muito cuidado e paciência. Graças a indícios como moedas, fragmentos de potes, objetos metálicos ou ossadas, reconstituem o passado e compreendem o modo de vida dos gregos e a evolução de suas cidades. A arqueologia submarina também auxilia na compreensão das coisas que os textos não dizem. Buscas realizadas em naufrágios trazem informações sobre o comércio. Os navios transportavam ânforas que continham sobretudo vinho, mas alguns levavam também lingotes de diferentes metais. Às vezes, verdadeiros tesouros são descobertos, como os dois guerreiros de bronze encontrados ao largo de Riace, na Itália.

Destroços de embarcações gregas foram encontrados até no litoral da França. Não muito longe da praia, mergulhadores descobriram estátuas de bronze de duas crianças e dois adolescentes, conservadas no museu de Agde.

A arquitetura e a escultura

Os gregos da Antiguidade foram grandes construtores. Os arquitetos rivalizavam em engenhosidade e audácia na construção do templo ou do palácio mais bonito.

Mármore = grego!
Os gregos foram grandes arquitetos. Originalmente, seus templos eram feitos de madeira e argila cozida. Mais tarde, os gregos passaram a construir as casas de seus deuses de pedra. Como a Grécia era rica em mármore, essa pedra branca foi muito utilizada. Os templos gregos sempre tinham os mesmos elementos. Os antigos pilares de madeira se tornaram colunas de mármore, sempre encimadas por um capitel. Acima deles, as vigas de madeira foram substituídas por um entablamento de pedra. O teto, por fim, era composto de dois frontões triangulares que sustentavam um telhado.

Uma questão de estilo
Havia três estilos de templos, que podemos reconhecer pela forma dos capitéis. O mais antigo e mais simples era o dórico, reconhecido pelos capitéis arredondados e sem decoração. Mais elegante, o estilo jônico se caracterizava pelos capitéis com volutas. O estilo coríntio era reconhecido pelos capitéis ornados com folhagens, as "folhas de acanto".

Os gregos utilizavam o mármore também nas esculturas. Desde os primeiros tempos, as estátuas representavam deuses e heróis. Para expressar sua superioridade, os escultores sempre buscavam representar figuras de beleza perfeita. Ao contrário dos egípcios, que adoravam deuses com cabeça de animal, os deuses gregos eram homens e mulheres. Para isso, os escultores sempre usaram o ser humano como modelo. Na época arcaica, as estátuas ainda eram um pouco rígidas. Mais tarde, na época clássica, passaram a ter formas mais suaves e graciosas. Com o estilo helenístico, os escultores gregos enfim conseguiram dar vida e força a suas estátuas. Um exemplo é o grupo escultórico de *Laocoonte*. O sacerdote Laocoonte, que havia desagradado aos deuses, foi estrangulado com os dois filhos por serpentes monstruosas. O escultor conseguiu transmitir toda a intensidade desse momento dramático.

Você sabia?
Reza a lenda que um cesto com os objetos preferidos de uma jovem que tinha acabado de morrer foi depositado em seu túmulo. Para proteger esses objetos, uma telha foi colocada sobre o cesto. Esse cesto estava sobre uma raiz de acanto. Com o tempo, as folhas subiram as laterais do cesto e se recurvaram para fora, sobre a telha. Os escultores reproduziram esse modelo para criar um capitel de estilo novo.

A pintura e o teatro

A arte não era considerada supérflua pelos gregos da Antiguidade. Ela era um meio de provar seu poder e uma maneira de agradar aos deuses.

Quer um retrato?
Os artistas tinham um lugar de destaque na sociedade grega. As principais cidades buscavam obter os serviços dos escultores e pintores mais conhecidos. A pintura era uma arte importante. Infelizmente, todos os quadros feitos em madeira ou tela foram perdidos. Para conhecer essas obras-primas, dispomos dos relatos de alguns amantes de arte da época. Também dispomos de pinturas realizadas em cerâmicas valiosas, quase sempre feitas em Atenas. Como as pinturas eram cozidas com os vasos, sobreviveram aos séculos. Eram figuras pretas sobre fundo vermelho, no século VI a.C., depois, nos dois séculos seguintes, figuras vermelhas em fundo preto. Retomavam os grandes temas da pintura grega: os deuses, os hoplitas, a *Ilíada* ou os banquetes. Os gregos também inventaram a arte do mosaico. Os mosaicos eram compostos de pedrinhas coloridas e às vezes reproduziam grandes quadros famosos, como a representação da Batalha de Isso, vencida por Alexandre, encontrada numa casa em Pompeia.

> Certo dia, um artista pintou um quadro representando um cesto cheio de frutas. Sua obra era tão realista que os pássaros pensaram se tratar de frutas de verdade e foram até o quadro para comê-las.

Os ancestrais de Molière

Os gregos foram os inventores do teatro. A palavra vem do grego *theatron*, que significa "lugar onde se vê". Originalmente, era uma festa sagrada em homenagem aos deuses, acompanhada por grandes banquetes. Com o passar do tempo, o teatro adotou regras específicas e limitou-se aos dois principais gêneros literários, a tragédia e a comédia. Em ambos os casos, os autores se inspiravam na atualidade política, bem conhecida do público. O teatro era, acima de tudo, uma festa da coletividade que permitia o encontro da cidade toda. Essas grandes reuniões contribuíam para a educação cívica dos cidadãos.

Os atores usavam máscaras que representavam personagens típicos, como o ancião, o ladrão etc. Além disso, a máscara servia para amplificar a voz.

Você sabia?
No teatro da antiga cidade de Epidauro, uma pessoa sentada na última fileira da plateia conseguia ouvir alguém cochichando no palco, e isso sem nenhum microfone!

Os inventores da história e da geografia

Os cientistas gregos desde cedo procuraram entender o mundo que os cercava.

Falando em história!
A palavra "história" vem do grego *istoria*, que significa "investigação". Este é o título da obra do primeiro historiador conhecido, Heródoto. No século V a.C., esse historiador, que também era um explorador, decidiu registrar os feitos importantes dos gregos e dos bárbaros. Apesar de um pouco ingênuo, ele é considerado o pai da história.

AJAM COMO SE EU NÃO ESTIVESSE AQUI!

Tucídides foi outro grande historiador, que mais tarde escreveu a história da guerra entre Esparta e Atenas. Seu ponto de vista é precioso, pois ele participou dela. Mesmo assim, explicou o conflito com muitos detalhes e honestidade. Não incluiu em seu relato a interferência dos deuses e forneceu explicações racionais aos acontecimentos, preocupado em transmitir o ponto de vista dos dois lados.

Viagens: uma boa maneira de formar a juventude
A geografia encantava os grandes viajantes que eram os gregos. No século IV a.C., o marselhês Píteas chegou ao círculo polar Ártico. Ele foi além da Grã-Bretanha e navegou até a Islândia, a misteriosa "Thule". Viu coisas extraordinárias, como montanhas de gelo que flutuavam e viravam sobre si mesmas quando começavam a derreter. Descobriu povos e regiões totalmente desconhecidos. Quando voltou, porém, pensaram que havia inventado tudo. Estrabão foi outro geógrafo grego que viveu no início do século I d.C. Escreveu uma obra geográfica que resumiu todos os conhecimentos de seu tempo. Graças a ele, sabemos como viviam os gauleses antes da chegada dos romanos. Os primeiros mapas-múndi conhecidos foram compostos por Ptolomeu (século I/II d.C.).

NINGUÉM VAI ACREDITAR...

Os cientistas

No século VII a.C., os gregos inventaram o pensamento científico, que tinha como objetivo explicar racionalmente os fenômenos naturais. Até hoje, a maioria das palavras científicas tem origem na língua grega. Os cientistas da Grécia antiga desenvolveram a ciência em vários domínios: astronomia, matemática, física e medicina.

A astronomia

Os cientistas gregos sabiam que a Terra era redonda. **Eratóstenes**, responsável pela grande biblioteca de Alexandria, demonstrou isso no século III a.C., graças à sombra formada pelo Sol durante o solstício de verão nas cidades de Alexandria e Siena, atual Assuã, oitocentos quilômetros mais ao sul. No mesmo dia e na mesma hora, as sombras eram diferentes, o que provava a rotundidade da Terra. Depois de Eratóstenes, outro cientista grego, Aristarco de Samos, sugeriu a hipótese de que a Terra girava em torno do Sol.

Heron de Alexandria inventou, no século I d.C., a máquina a vapor: a eolípila.

A física e a matemática
Arquimedes foi o inventor do parafuso sem fim e da catapulta. Reza a lenda que, certo dia, confrontado com um problema proposto pelo rei de Siracusa, Híeron, Arquimedes resolveu-o enquanto tomava banho. Eufórico com a descoberta, teria saído nu pelas ruas da cidade gritando "*Eureka!*" (Encontrei!). Foi a descoberta do princípio de flutuação, que continua sendo utilizado pelos mergulhadores até hoje. Arquimedes também foi o responsável pela descoberta do cálculo da área do círculo.

A medicina
O mais conhecido médico da Grécia foi **Hipócrates de Cós**, nascido por volta de 460 a.C. e morto aproximadamente em 370 a.C. Ele rejeitou causas religiosas para a explicação das doenças. Afirmou que a epilepsia, chamada "doença sagrada", não era nem sagrada nem causada pelos deuses. Alguns acreditam que Hipócrates também deu origem ao juramento que os médicos gregos deviam prestar antes de exercer o ofício. Hoje, os novos médicos proferem um juramento inspirado no de Hipócrates.

Os filósofos

No Ocidente, os gregos foram os inventores da filosofia. A palavra é composta de *philein*, que quer dizer "gostar" ou "procurar", e *sophia*, que pode ser traduzida por "sabedoria". A filosofia era um questionamento sobre o mundo e a existência do homem, uma busca pelo sentido da vida. Nos primeiros tempos da ciência, cientistas ou físicos também eram filósofos, como Hesíodo, que no século VI a.C. tentou compreender a origem das coisas.

"Só sei que nada sei"
Mais tarde, a filosofia se desenvolveu com Sócrates, que no século V a.C. inventou o discurso filosófico. Sócrates com frequência fazia a pergunta: "O que é...?". O que é a beleza? O que é o poder? Ele não afirmava conhecer as coisas melhor que os outros, pelo contrário. Para ele, sua superioridade devia-se ao fato de não saber nada, mas ter consciência disso.

Diógenes foi um célebre filósofo que viveu voluntariamente como mendigo e inclusive morou dentro de um barril.

"O pai da moral"

Platão foi amigo e aluno de Sócrates. Depois da morte do amigo, viajou para a Sicília e mais tarde voltou a Atenas para fundar uma escola de filosofia: a Academia. Para Platão, a questão moral era importante. A moral de Platão não era uma regra ou uma lei que se impunha a todos. Ela estava baseada em dois elementos: a virtude e a felicidade. Platão, no livro *A república*, refletiu sobre o Estado e sua organização. Sua reflexão o levou a reivindicar o poder para os filósofos, que seriam os homens mais competentes e, portanto, mais capazes de governar com sabedoria.

"Ora, use a lógica!"

Aristóteles foi aluno de Platão antes de se tornar professor de Alexandre, o Grande. Ele fundou em Atenas sua própria escola, que era chamada de "Liceu". Aristóteles refletiu muito sobre a lógica. Para ele, era uma arte, uma técnica do discurso. A lógica de Aristóteles tinha o objetivo de distinguir o verdadeiro do falso. Aristóteles também tentou definir o Homem. Para ele, era quem utilizava a palavra. O argumento lógico de Aristóteles pode ser ilustrado pela seguinte proposição: "Todos os homens são mortais. Sócrates é um homem. Logo, Sócrates é mortal".

Você sabia?

Sócrates, Platão e Aristóteles são estudados até hoje pelos estudantes de Ensino Médio. O pensamento platônico influenciou a cristandade e Aristóteles foi considerado uma referência científica na Idade Média.

A presença da civilização grega nos dias atuais

Que bonito! Sim, principalmente quando é grego
Os gregos definiram as "sete maravilhas do mundo". Cinco pertenciam ao mundo grego. O templo de Ártemis em Éfeso, a estátua de Zeus, em Olímpia, o Mausoléu de Halicarnasso, o colosso de Rodes e o farol de Alexandria. As duas outras maravilhas eram a pirâmide de Quéops, no Egito, e os jardins suspensos da Babilônia (no atual Iraque). A Acrópole era a colina sagrada no topo de Atenas. Ainda é possível ver o Parthenon e outros templos nela localizados. Quando for visitá-la, leve os óculos de sol. A luz refletida pelo mármore branco é ofuscante. Ao pé da Acrópole, um museu moderníssimo permite conhecer os maiores tesouros da arte grega. Você também pode admirar a ágora de Atenas, um espaço amplo e riquíssimo em tesouros arqueológicos.

Você sabia?
O Parthenon manteve-se intacto até o século XVII. Transformado em igreja cristã, e em mesquita sob a ocupação turca, atravessou os séculos sem desgastes importantes. Mais tarde, os turcos guardaram reservas de pólvora numa sala do monumento. Seu estado atual deve-se a um tiro de canhão disparado em 1687 por um barco, que explodiu tudo.

A Grécia fora da Grécia

Existem sítios arqueológicos gregos fora da Grécia. Na Itália, podem ser vistos os templos mais conservados, como o belíssimo templo da Concórdia, em Agrigento, na Sicília. Em Pesto, ao sul de Nápoles, é possível visitar dois templos dedicados a Hera e um terceiro dedicado a Atena. Eles datam do século VI e do século V a.C.

Os tesouros da arte grega sempre despertaram a cobiça dos homens. As obras descobertas em ruínas antigas foram roubadas na Grécia pelos romanos. Mais tarde, os ingleses, franceses e alemães também levaram obras de arte grega para seus museus. É por isso que há tantas esculturas e vasos gregos nos grandes museus europeus.

No início do século XIX, um inglês chamado Elgin retirou as numerosas esculturas que ornavam o Parthenon. Muitas foram quebradas ou perdidas durante a operação. Os mármores que restaram estão hoje em Londres. Os gregos ainda esperam por sua devolução a Atenas. A prática que consiste em apoderar-se dos tesouros artísticos de outros países ainda leva o nome desse inglês: elginismo.

Teste

1. O que é o bronze?
a. Um monge tibetano.
b. Uma liga de cobre e estanho.
c. Uma cor de pele.

2. Quem é Ulisses?
a. Um cavalo branco.
b. O presidente da Grécia.
c. Um navegador grego.

3. Quem é Atena?
a. Uma grande sala de espetáculos.
b. Uma marca de roupa.
c. A deusa da sabedoria.

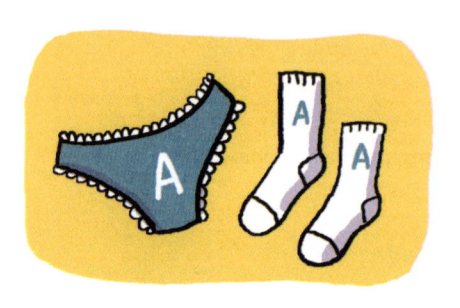

4. Como se chama a Assembleia dos atenienses?
a. Senado.
b. Festa.
c. Ekklesia.

5. O que disse Arquimedes quando se viu nu no meio da rua?
a. Eureca!
b. Hã... Desculpe!
c. Socorro, ladrão!

6. O que é a Macedônia?
a. Uma salada de legumes com maionese.
b. Um reino ao norte da Grécia.
c. Uma pastora montanhesa.

7. Qual o epíteto do imperador Alexandre?
a. O Gordo.
b. O Bem-aventurado.
c. O Grande.

8. Quem governou por último o Egito?
a. Ptolomeu.
b. Cleópatra.
c. Marco Antônio.

9. Os espartanos eram famosos por que razão?
a. Porque eram belos sapatos confortáveis de usar.
b. Porque eram os melhores cozinheiros da Grécia.
c. Porque eram os melhores soldados do mundo grego.

10. O que os atenienses ofereciam todos os anos à deusa Atena?
a. Um manto.
b. Um bolo de aniversário.
c. Um buquê de flores.

11. O que a família de um morto fazia para se purificar?
a. Atirava todas as roupas numa grande fogueira.
b. Dava de comer a todo o bairro.
c. Lavava a casa com água corrente.

12. O que era um hilota?
a. Um escravo em Esparta.
b. Um policial que vigiava o bairro.
c. Uma ilha rochosa.

13. Por que Péricles ficou conhecido?
a. Porque pintou a grande estátua de Atena de cor-de-rosa.
b. Porque correu a primeira maratona.
c. Porque foi o pai da democracia.

14. Quem foram Sócrates, Platão e Aristóteles?
a. Jogadores de futebol.
b. Uma banda de rock.
c. Filósofos.

15. O que eram as "sete maravilhas do mundo"?
a. As sete jovens mais belas do concurso Miss Universo.
b. Bolinhos secos.
c. Monumentos da Antiguidade.

Respostas

1-b; 2-c; 3-c; 4-c; 5-a; 6-b; 7-c; 8-b; 9-c; 10-a; 11-c; 12-a; 13-c; 14-c; 15-c

A caixa de Arquimedes, também chamada de *stomachion*

Para fazê-la, use um quadrado de papelão com 24 cm de lado. A cada dois centímetros, faça um ponto com um lápis fino. Junte os pontos até deixar o papel todo quadriculado. Depois, trace a figura abaixo. Preste atenção: todas as pontas dos triângulos partem de um vértice dos quadrados pequenos. A seguir, recorte as catorze peças resultantes com cuidado.

Com essas peças você pode se divertir tentando reconstruir um quadrado. Existem mais de quinhentas possibilidades. Mas você também pode criar formas variadas, como estas: